Teil A: Malnehmen von Brüchen

1. KAPITEL

Bruch mal **Bruch**

Im ersten Kapitel wird dir erklärt, wie man **Brüche** miteinander **malnimmt.**

Ein Beispiel: $\frac{7}{8} \cdot \frac{3}{5} = \frac{7 \cdot 3}{8 \cdot 5} = \boxed{\frac{21}{40}}$

Man muß die beiden **Zähler** miteinander **malnehmen** und die beiden **Nenner auch**.

Man rechnet also: Zähler mal Zähler und Nenner mal Nenner.

Ein zweites Beispiel: $\frac{3}{4} \cdot \frac{5}{7} = ?$

Zähler mal Zähler

$$\frac{3}{4} \cdot \frac{5}{7} = \boxed{\frac{15}{28}}$$

Nenner mal Nenner

Ein drittes Beispiel: $\frac{3}{10} \cdot \frac{7}{8} = ?$

Man rechnet also: Zähler mal Zähler und Nenner mal Nenner.

$$\frac{3}{10} \cdot \frac{7}{8} = \frac{3 \cdot 7}{10 \cdot 8} = \boxed{\frac{21}{80}}$$

Das hast du sicherlich verstanden. Rechne nun die folgenden Aufgaben alleine!

$\frac{4}{9} \cdot \frac{5}{7} =$

$\frac{2}{3} \cdot \frac{7}{11} =$

– –

$\frac{4}{9} \cdot \frac{5}{7} = \frac{4 \cdot 5}{9 \cdot 7} = \boxed{\frac{20}{63}}$

$\frac{2}{3} \cdot \frac{7}{11} = \frac{2 \cdot 7}{3 \cdot 11} = \boxed{\frac{14}{33}}$

Rechne weiter!

$\frac{5}{8} \cdot \frac{3}{7} =$

$\frac{4}{9} \cdot \frac{7}{11} =$

$\frac{5}{8} \cdot \frac{3}{7} = \frac{5 \cdot 3}{8 \cdot 7} = \boxed{\frac{15}{56}}$

$\frac{4}{9} \cdot \frac{7}{11} = \boxed{\frac{28}{99}}$

$\frac{5}{11} \cdot \frac{2}{3} =$

$\frac{1}{4} \cdot \frac{3}{7} =$

$\frac{5}{11} \cdot \frac{2}{3} = \frac{5 \cdot 2}{11 \cdot 3} = \boxed{\frac{10}{33}}$

$\frac{1}{4} \cdot \frac{3}{7} = \frac{1 \cdot 3}{4 \cdot 7} = \boxed{\frac{3}{28}}$

$\frac{2}{5} \cdot \frac{3}{7} =$

$\frac{8}{9} \cdot \frac{1}{7} =$

$\frac{2}{5} \cdot \frac{3}{7} = \frac{2 \cdot 3}{5 \cdot 7} = \boxed{\frac{6}{35}}$

$\frac{8}{9} \cdot \frac{1}{7} = \frac{8 \cdot 1}{9 \cdot 7} = \boxed{\frac{8}{63}}$

$\frac{3}{8} \cdot \frac{1}{5} =$

$\frac{1}{3} \cdot \frac{1}{4} =$

$\frac{3}{8} \cdot \frac{1}{5} = \frac{3 \cdot 1}{8 \cdot 5} = \boxed{\frac{3}{40}}$

$\frac{1}{3} \cdot \frac{1}{4} = \frac{1 \cdot 1}{3 \cdot 4} = \boxed{\frac{1}{12}}$

Bei der folgenden Aufgabe ist auf etwas zu **achten**!

$\frac{4}{5} \cdot \frac{3}{8} =$

$\frac{4}{5} \cdot \frac{3}{8} = \frac{4 \cdot 3}{5 \cdot 8} = \frac{12}{40}$ Das ist noch nicht das Endergebnis. $\frac{12}{40}$ kann man noch durch 4 **kürzen**.

$$\frac{12}{40} = \frac{12 : 4}{40 : 4} = \boxed{\frac{3}{10}}$$

Man kann diese Aufgabe auch **anders** rechnen; das heißt, man kann schon viel **früher kürzen. Bevor** man die Aufgabe ausrechnet, lassen sich die **Brüche kürzen**. Ein **Doppelpfeil** zeigt, **welche Zahlen** sich **kürzen** lassen.

$\frac{4}{5} \cdot \frac{3}{8} = \frac{4 \cdot 3}{5 \cdot 8}$ Die Zahl 4 und die Zahl 8 lassen sich durch 4 kürzen.

Liebe Eltern!

Mit Hilfe dieses Mathematikprogramms kann Ihr Kind **alleine** lernen. Die Aufgaben werden **genau erklärt** und in **kleinen Schritten** geht es vorwärts. Diese Programme wurden bei **vielen Schülern** mit **gutem Erfolg** eingesetzt, insbesonders bei **Nachhilfeschülern,** die eine ausführliche Erklärung brauchten.

Wie sind die Programme aufgebaut, wie können Sie helfen?

Das Programm ist nach **Kapiteln** (siehe Inhaltsverzeichnis!) eingeteilt. Am **Ende** eines jeden Kapitels heißt es: **„Prüfe** Dich, damit Du siehst, ob Du dieses Kapitel verstanden hast!" Wenn Ihr Kind die **meisten** Aufgaben **richtig** hat, darf es im nächsten Kapitel **weiterrechnen.** Wenn nur **wenige** Aufgaben **richtig** sind, muß dieses Kapitel **wiederholt** werden.
Ist Ihr Kind mit dem **ganzen** Programm **fertig,** bekommt es von Ihnen **die Prüfungsaufgaben. Sie befinden sich auf der Rückseite dieses Blattes, das Sie jetzt gerade lesen.** Es enthält von **jedem** Kapitel einige Aufgaben. **Die zu den Prüfungsaufgaben gehörigen Lösungen finden Sie ganz hinten, als letztes Blatt perforiert eingeheftet.** Damit können Sie schnell **nachkontrollieren, inwieweit** Ihr Kind das Programm verstanden hat. **Dreiviertel** der Prüfungsaufgaben sollten **mindestens** richtig sein. Gegebenenfalls lassen Sie die noch **nicht verstandenen Kapitel wiederholen** und **prüfen** dann **erneut!**

Sie können auch in **umgekehrter** Reihenfolge vorgehen. **Bevor** Sie Ihrem Kind das Programm zum Arbeiten geben, **testen** Sie es bitte mit Hilfe des **Prüfungsblattes** zuerst einmal. Dadurch können Sie feststellen, was Ihr Kind **schon kann** und was **(welche Kapitel)** überhaupt zu **üben** ist.

Was ist unbedingt beim Gebrauch der Programme zu beachten?

1. Die **Ausrechnung** und die **Lösung,** die nach der unterbrochenen Linie kommen, mit Rechenblock oder Pappdeckel **zudecken.**
2. **Langsam** vorgehen und nichts überspringen, weil die Aufgaben immer **schwieriger** werden.
3. Unbedingt **ehrlich** arbeiten. **Mogeln** nützt nichts, weil danach die **Prüfungsaufgaben** zu rechnen sind. Bei Versagen **Wiederholung** des ganzen Programms oder der entsprechenden Kapitel.
4. Nicht länger als **1 Stunde** im Programm arbeiten.

Vergessen Sie bitte nicht, das erste und letzte Blatt (Prüfungsaufgaben und Lösungen) sogleich herauszutrennen, damit sie Ihr Kind nicht in die Hände bekommt!

Viel Erfolg bei der Arbeit mit dem Mathematikprogramm!

Prüfungsaufgaben

Teil A: Malnehmen von Brüchen

I. 1. $\frac{2}{3} \cdot \frac{5}{7} =$ 2. $\frac{15}{16} \cdot \frac{8}{25} =$

II. 1. $4 \cdot \frac{2}{7} =$ 2. $\frac{8}{15} \cdot 10 =$

III. 1. $2\frac{1}{7} \cdot \frac{3}{8} =$ 2. $3\frac{3}{5} \cdot 1\frac{1}{4} =$

IV. 1. $2\frac{5}{7} \cdot \frac{7}{10} \cdot 5 =$ 2. $\frac{8}{13} \cdot 2\frac{1}{12} \cdot 1\frac{4}{5} =$

Teil B: Teilen von Brüchen

I. 1. $\frac{2}{3} : \frac{3}{8} =$ 2. $\frac{5}{8} : \frac{15}{28} =$

II. 1. $\frac{3}{7} : 5 =$ 2. $4 : \frac{8}{9} =$

III. 1. $2\frac{1}{4} : \frac{3}{5} =$ 2. $3\frac{4}{7} : 6\frac{2}{3} =$

IV. 1. In einem Faß befinden sich noch $24\frac{1}{2}$ l Wein. Er soll in $\frac{7}{10}$ l-Flaschen abgefüllt werden.
Wie viele Flaschen erhält man?

2. Wie oft sind $\frac{5}{8}$ in 15 enthalten?

Hier bleibt dann noch 1 übrig.

$$\frac{4 \cdot 3}{5 \cdot 8} = \frac{1 \cdot 3}{5 \cdot 2} = \boxed{\frac{3}{10}}$$

Im Nenner bleiben noch 2 übrig.

Bei der folgenden Aufgabe kann man wieder **kürzen**.

$$\frac{5}{8} \cdot \frac{7}{15} =$$

- -

$$\frac{5}{8} \cdot \frac{7}{15} = \frac{5 \cdot 7}{8 \cdot 15} = \frac{35}{120} = \frac{35 : 5}{120 : 5} = \boxed{\frac{7}{24}}$$

Man kann schon viel **früher kürzen**. Der **Doppelpfeil** zeigt, **welche Zahlen** sich **kürzen** lassen.

$$\frac{5}{8} \cdot \frac{7}{15} = \frac{5 \cdot 7}{8 \cdot 15} = \frac{1 \cdot 7}{8 \cdot 3} = \boxed{\frac{7}{24}}$$

Auch bei dieser Aufgabe kann man **kürzen**.

$$\frac{5}{6} \cdot \frac{3}{8} =$$

- -

$$\frac{5}{6} \cdot \frac{3}{8} = \frac{5 \cdot 3}{6 \cdot 8} = \frac{15}{48} = \frac{15 : 3}{48 : 3} = \boxed{\frac{5}{16}}$$

Man kann schon viel **früher kürzen**. Der **Doppelpfeil** zeigt, **welche Zahlen** sich **kürzen** lassen.

$$\frac{5}{6} \cdot \frac{3}{8} = \frac{5 \cdot 3}{6 \cdot 8} = \frac{5 \cdot 1}{2 \cdot 8} = \boxed{\frac{5}{16}}$$

Merke dir bitte **gut**!

> Wenn man das **Ergebnis** beim Malnehmen von Brüchen **kürzen** kann, so soll man das auch tun. Am besten ist es, wenn man gleich **zu Beginn** der Ausrechnung **kürzt**. Es werden **dadurch** die **Zahlen kleiner** und es läßt sich dann **leichter** rechnen.

Rechne die folgenden Aufgaben und **kürze gleich**!

$\frac{5}{12} \cdot \frac{4}{9} =$

$\frac{5}{12} \cdot \frac{4}{9} = \frac{5 \cdot 4}{12 \cdot 9} = \frac{5 \cdot 1}{3 \cdot 9} = \boxed{\frac{5}{27}}$

$\frac{3}{11} \cdot \frac{4}{15} =$

$\frac{3}{11} \cdot \frac{4}{15} = \frac{3 \cdot 4}{11 \cdot 15} = \frac{1 \cdot 4}{11 \cdot 5} = \boxed{\frac{4}{55}}$

$\frac{9}{10} \cdot \frac{5}{8} =$

$\frac{9}{10} \cdot \frac{5}{8} = \frac{9 \cdot 5}{10 \cdot 8} = \frac{9 \cdot 1}{2 \cdot 8} = \boxed{\frac{9}{16}}$

$\frac{1}{6} \cdot \frac{2}{9} =$

$\frac{1}{6} \cdot \frac{2}{9} = \frac{1 \cdot 2}{6 \cdot 9} = \frac{1 \cdot 1}{3 \cdot 9} = \boxed{\frac{1}{27}}$

$\frac{7}{13} \cdot \frac{5}{21} =$

$\frac{7}{13} \cdot \frac{5}{21} = \frac{7 \cdot 5}{13 \cdot 21} = \frac{1 \cdot 5}{13 \cdot 3} = \boxed{\frac{5}{39}}$

$\frac{7}{40} \cdot \frac{8}{15} =$

$\frac{7}{40} \cdot \frac{8}{15} = \frac{7 \cdot 8}{40 \cdot 15} = \frac{7 \cdot 1}{5 \cdot 15} = \boxed{\frac{7}{75}}$

Nun mußt du beim Kürzen gut **aufpassen**!

$\frac{5}{6} \cdot \frac{8}{9} =$

$\frac{5}{6} \cdot \frac{8}{9} = \frac{5 \cdot 8}{6 \cdot 9}$ Die Zahl 6 und die Zahl 8 lassen sich untereinander kürzen. In jeder Zahl steckt **eine 2** drin.

$\frac{5 \cdot 8}{6 \cdot 9} = \frac{5 \cdot 4}{3 \cdot 9} = \boxed{\frac{20}{27}}$

Auch hier heißt es gut **aufpassen**!

$\frac{11}{12} \cdot \frac{9}{10} =$

$\frac{11}{12} \cdot \frac{9}{10} = \frac{11 \cdot 9}{12 \cdot 10}$ Die Zahl 9 und die Zahl 12 lassen sich miteinander kürzen. In jeder Zahl steckt **eine 3** drin.

$\frac{11 \cdot 9}{12 \cdot 10} = \frac{11 \cdot 3}{4 \cdot 10} = \boxed{\frac{33}{40}}$

Rechne weiter, achte auf das **Kürzen**!

$\frac{15}{19} \cdot \frac{7}{20} =$

$\frac{15}{19} \cdot \frac{7}{20} = \frac{15 \cdot 7}{19 \cdot 20} = \frac{3 \cdot 7}{19 \cdot 4} = \boxed{\frac{21}{76}}$

Hier kann man durch 5 kürzen.

$\frac{5}{9} \cdot \frac{6}{7} =$

$\frac{5}{9} \cdot \frac{6}{7} = \frac{5 \cdot 6}{9 \cdot 7} = \frac{5 \cdot 2}{3 \cdot 7} = \boxed{\frac{10}{21}}$

Hier kann man durch 3 kürzen.

$\frac{8}{11} \cdot \frac{3}{14} =$

$\frac{8}{11} \cdot \frac{3}{14} = \frac{8 \cdot 3}{11 \cdot 14} = \frac{4 \cdot 3}{11 \cdot 7} = \boxed{\frac{12}{77}}$

Hier kann man durch 2 kürzen.

$\frac{5}{24} \cdot \frac{18}{19} =$

$\frac{5}{24} \cdot \frac{18}{19} = \frac{5 \cdot 18}{24 \cdot 19} = \frac{5 \cdot 3}{4 \cdot 19} = \boxed{\frac{15}{76}}$

Es kann durch 6 gekürzt werden.

$\frac{7}{40} \cdot \frac{24}{25} =$

$\frac{7}{40} \cdot \frac{24}{25} = \frac{7 \cdot 24}{40 \cdot 25} = \frac{7 \cdot 3}{5 \cdot 25} = \boxed{\frac{21}{125}}$

Es kann durch 8 gekürzt werden.

Bei der nächsten Aufgabe kann man gleich **zweimal** kürzen.

$\frac{2}{15} \cdot \frac{3}{8} =$

$\frac{2}{15} \cdot \frac{3}{8} = \frac{2 \cdot 3}{15 \cdot 8}$ Es können die Zahlen 2 und 8 gekürzt werden. Auch die Zahlen 3 und 15 lassen sich kürzen.

$\frac{2 \cdot 3}{15 \cdot 8} = \frac{1 \cdot 1}{5 \cdot 4} = \boxed{\frac{1}{20}}$

Auch bei dieser Aufgabe kann man gleich **zweimal** kürzen.

$\frac{5}{18} \cdot \frac{3}{10} =$

$\frac{5}{18} \cdot \frac{3}{10} = \frac{5 \cdot 3}{18 \cdot 10} = \frac{1 \cdot 1}{6 \cdot 2} = \boxed{\frac{1}{12}}$

Rechne weiter! Achte darauf, daß man immer **zweimal** kürzen kann.

$\frac{15}{16} \cdot \frac{4}{25} =$

$\frac{15}{16} \cdot \frac{4}{25} = \frac{15 \cdot 4}{16 \cdot 25} = \frac{3 \cdot 1}{4 \cdot 5} = \boxed{\frac{3}{20}}$

$\frac{5}{9} \cdot \frac{12}{25} =$

$\frac{5}{9} \cdot \frac{12}{25} = \frac{5 \cdot 12}{9 \cdot 25} = \frac{1 \cdot 4}{3 \cdot 5} = \boxed{\frac{4}{15}}$

$\frac{5}{8} \cdot \frac{12}{35} =$

$\frac{5}{8} \cdot \frac{12}{35} = \frac{5 \cdot 12}{8 \cdot 35} = \frac{1 \cdot 3}{2 \cdot 7} = \boxed{\frac{3}{14}}$

$\frac{7}{30} \cdot \frac{25}{28} =$

$\frac{7}{30} \cdot \frac{25}{28} = \frac{7 \cdot 25}{30 \cdot 28} = \frac{1 \cdot 5}{6 \cdot 4} = \boxed{\frac{5}{24}}$

$\frac{9}{40} \cdot \frac{5}{12} =$

$\frac{9}{40} \cdot \frac{5}{12} = \frac{9 \cdot 5}{40 \cdot 12} = \frac{3 \cdot 1}{8 \cdot 4} = \boxed{\frac{3}{32}}$

Prüfe dich jetzt, damit du siehst, ob du das erste Kapitel verstanden hast.

1. $\frac{4}{5} \cdot \frac{3}{7} =$
2. $\frac{8}{11} \cdot \frac{3}{5} =$
3. $\frac{8}{9} \cdot \frac{7}{24} =$
4. $\frac{10}{11} \cdot \frac{4}{15} =$
5. $\frac{4}{9} \cdot \frac{15}{16} =$
6. $\frac{8}{15} \cdot \frac{9}{10} =$

Hier sind die **Lösungen**:

1. $\frac{4}{5} \cdot \frac{3}{7} = \frac{4 \cdot 3}{5 \cdot 7} = \boxed{\frac{12}{35}}$

2. $\frac{8}{11} \cdot \frac{3}{5} = \frac{8 \cdot 3}{11 \cdot 5} = \boxed{\frac{24}{55}}$

3. $\frac{8}{9} \cdot \frac{7}{24} = \frac{8 \cdot 7}{9 \cdot 24} = \frac{1 \cdot 7}{9 \cdot 3} = \boxed{\frac{7}{27}}$

4. $\frac{10}{11} \cdot \frac{4}{15} = \frac{10 \cdot 4}{11 \cdot 15} = \frac{2 \cdot 4}{11 \cdot 3} = \boxed{\frac{8}{33}}$

5. $\frac{4}{9} \cdot \frac{15}{16} = \frac{4 \cdot 15}{9 \cdot 16} = \frac{1 \cdot 5}{3 \cdot 4} = \boxed{\frac{5}{12}}$

6. $\frac{8}{15} \cdot \frac{9}{10} = \frac{8 \cdot 9}{15 \cdot 10} = \frac{4 \cdot 3}{5 \cdot 5} = \boxed{\frac{12}{25}}$

Wenn du von den 6 Aufgaben **keine, eine** oder **zwei** Aufgaben **falsch** hast, dann hast du **gut** gerechnet. Wenn du **3** oder **mehr** Aufgaben **falsch** hast, dann mußt du dieses Kapitel von **Seite 1** an **wiederholen**.

2. KAPITEL

Bruch mal **ganze Zahl**

In diesem Kapitel wird dir gezeigt, wie man einen Bruch mit einer **ganzen** Zahl malnimmt.

Ein Beispiel: $\frac{3}{25} \cdot 4 =$

↑ Bruch ↑ ganze Zahl

Eine **ganze Zahl** läßt sich auch **als Bruch schreiben**. Statt 4, kann man also $\frac{4}{1}$ schreiben.
Die Aufgabe heißt dann:

$$\frac{3}{25} \cdot \frac{4}{1} =$$

Nun brauchen wir nur so zu rechnen wie im **ersten Kapitel**: Zähler mal Zähler und Nenner mal Nenner.

$$\frac{3}{25} \cdot \frac{4}{1} = \frac{3 \cdot 4}{25 \cdot 1} = \boxed{\frac{12}{25}}$$

Ein zweites Beispiel: $\frac{2}{7} \cdot 3 =$

Zuerst wird die **ganze Zahl** in einen **Bruch verwandelt**. Statt 3 kann man $\frac{3}{1}$ schreiben. Die Aufgabe heißt dann:

$$\frac{2}{7} \cdot \frac{3}{1} = \frac{2 \cdot 3}{7 \cdot 1} = \boxed{\frac{6}{7}}$$

Rechne nun die folgenden Aufgaben **alleine**! **Achte** darauf, daß man eine **ganze Zahl** immer **als Bruch** mit dem **Nenner 1** schreiben kann.

Zum Beispiel: $4 = \frac{4}{1}$ ← Zähler ← Nenner ist 1

↑ ganze Zahl

$\frac{3}{11} \cdot 2 =$

— —

$\frac{3}{11} \cdot \frac{2}{1} = \frac{3 \cdot 2}{11 \cdot 1} = \boxed{\frac{6}{11}}$

$\frac{2}{9} \cdot 4 =$

- -

$\frac{2}{9} \cdot \frac{4}{1} = \frac{2 \cdot 4}{9 \cdot 1} = \boxed{\frac{8}{9}}$

$\frac{4}{35} \cdot 8 =$

- -

$\frac{4}{35} \cdot \frac{8}{1} = \frac{4 \cdot 8}{35 \cdot 1} = \boxed{\frac{32}{35}}$

$\frac{2}{17} \cdot 5 =$

- -

$\frac{2}{17} \cdot \frac{5}{1} = \frac{2 \cdot 5}{17 \cdot 1} = \boxed{\frac{10}{17}}$

$\frac{3}{8} \cdot 5 =$

- -

$\frac{3}{8} \cdot \frac{5}{1} = \frac{3 \cdot 5}{8 \cdot 1} = \frac{15}{8} = \boxed{1\frac{7}{8}}$

↑ unechter Bruch ↑ gemischte Zahl

Wenn man einen Bruch mit einer ganzen Zahl malnimmt, so kommt oft als Ergebnis ein **unechter Bruch** heraus. Diesen müssen wir dann in eine **gemischte Zahl** verwandeln.

$\frac{5}{7} \cdot 6 =$

- -

$\frac{5}{7} \cdot \frac{6}{1} = \frac{5 \cdot 6}{7 \cdot 1} = \frac{30}{7} = \boxed{4\frac{2}{7}}$

↑ unechter Bruch ↑ gemischte Zahl

$\frac{8}{9} \cdot 2 =$

— —

$\frac{8}{9} \cdot \frac{2}{1} = \frac{8 \cdot 2}{9 \cdot 1} = \frac{16}{9} = \boxed{1\frac{7}{9}}$

↑ unechter Bruch ↑ gemischte Zahl

$\frac{5}{12} \cdot 7 =$

— —

$\frac{5}{12} \cdot \frac{7}{1} = \frac{5 \cdot 7}{12 \cdot 1} = \frac{35}{12} = \boxed{2\frac{11}{12}}$

$\frac{8}{9} \cdot 13 =$

— —

$\frac{8}{9} \cdot \frac{13}{1} = \frac{8 \cdot 13}{9 \cdot 1} = \frac{104}{9}$

Wenn es dir **Schwierigkeiten** bereitet, einen **unechten Bruch** in eine **gemischte Zahl** zu verwandeln, dann brauchst du nur den Zähler durch den Nenner **teilen**. Du weißt ja hoffentlich noch, daß der **Bruchstrich** ein **Teilungszeichen** bedeutet.

$\frac{104}{9}$ ← Zähler ← Bruchstrich ist Teilungszeichen ← Nenner

$\frac{104}{9} = 104 : 9 = \boxed{11\frac{5}{9}}$

14

5 (Rest → Zähler des Bruchs)

Merke dir bitte gut!

> Wenn man einen **unechten Bruch** in eine **gemischte Zahl** verwandelt, braucht man nur den **Zähler** durch den **Nenner teilen**. Den **Rest** schreibt man **als Bruch** hin.

$\frac{7}{8} \cdot 15 =$

— —

$$\frac{7}{8} \cdot \frac{15}{1} = \frac{7 \cdot 15}{8 \cdot 1} = \frac{105}{8} = 105 : 8 = \boxed{13\frac{1}{8}}$$

25

1

$\frac{9}{11} \cdot 8 =$

$$\frac{9}{11} \cdot \frac{8}{1} = \frac{9 \cdot 8}{11 \cdot 1} = \frac{72}{11} = 72 : 11 = \boxed{6\frac{6}{11}}$$

6

$\frac{6}{13} \cdot 20 =$

$$\frac{6}{13} \cdot \frac{20}{1} = \frac{6 \cdot 20}{13 \cdot 1} = \frac{120}{13} = 120 : 13 = \boxed{9\frac{3}{13}}$$

3

$\frac{7}{9} \cdot 16 =$

$$\frac{7}{9} \cdot \frac{16}{1} = \frac{7 \cdot 16}{9 \cdot 1} = \frac{112}{9} = 112 : 9 = \boxed{12\frac{4}{9}}$$

22

4

$8 \cdot \frac{11}{15}$

$$\frac{8}{1} \cdot \frac{11}{15} = \frac{8 \cdot 11}{1 \cdot 15} = \frac{88}{15} = 88 : 15 = \boxed{5\frac{13}{15}}$$

13

Bei den folgenden Aufgaben kannst du **kürzen**, ehe du sie ausrechnest.

$\frac{3}{10} \cdot 5 =$

$$\frac{3}{10} \cdot \frac{5}{1} = \frac{3 \cdot \cancel{5}}{\cancel{10} \cdot 1} = \frac{3 \cdot 1}{2 \cdot 1} = \frac{3}{2} = \boxed{1\frac{1}{2}}$$

$\frac{4}{9} \cdot 3 =$

$\frac{4}{9} \cdot \frac{3}{1} = \frac{4 \cdot 3}{9 \cdot 1} = \frac{4 \cdot 1}{3 \cdot 1} = \frac{4}{3} = 1\frac{1}{3}$

$\frac{5}{8} \cdot 12 =$

$\frac{5}{8} \cdot \frac{12}{1} = \frac{5 \cdot 12}{8 \cdot 1} = \frac{5 \cdot 3}{2 \cdot 1} = \frac{15}{2} = 7\frac{1}{2}$

$4 \cdot \frac{7}{8} =$

$\frac{4}{1} \cdot \frac{7}{8} = \frac{4 \cdot 7}{1 \cdot 8} = \frac{1 \cdot 7}{1 \cdot 2} = \frac{7}{2} = 3\frac{1}{2}$

$\frac{5}{9} \cdot 12 =$

$\frac{5}{9} \cdot \frac{12}{1} = \frac{5 \cdot 12}{9 \cdot 1} = \frac{5 \cdot 4}{3 \cdot 1} = \frac{20}{3} = 6\frac{2}{3}$

$10 \cdot \frac{4}{15} =$

$\frac{10}{1} \cdot \frac{4}{15} = \frac{10 \cdot 4}{1 \cdot 15} = \frac{2 \cdot 4}{1 \cdot 3} = \frac{8}{3} = 2\frac{2}{3}$

Prüfe dich jetzt, damit du siehst, ob du das zweite Kapitel verstanden hast!

1. $\frac{3}{5} \cdot 4 =$

2. $\frac{9}{14} \cdot 11 =$

3. $4 \cdot \frac{7}{12} =$

4. $\frac{7}{20} \cdot 15 =$

Hier sind die **Lösungen**:

1. $\frac{3}{5} \cdot 4 = \frac{3}{5} \cdot \frac{4}{1} = \frac{3 \cdot 4}{5 \cdot 1} = \frac{12}{5} = \boxed{2\frac{2}{5}}$

2. $\frac{9}{14} \cdot 11 = \frac{9}{14} \cdot \frac{11}{1} = \frac{9 \cdot 11}{14 \cdot 1} = \frac{99}{14} = 99 : 14 = \boxed{7\frac{1}{14}}$
   1

3. $4 \cdot \frac{7}{12} = \frac{4}{1} \cdot \frac{7}{12} = \frac{4 \cdot 7}{1 \cdot 12} = \frac{1 \cdot 7}{1 \cdot 3} = \frac{7}{3} = \boxed{2\frac{1}{3}}$

4. $\frac{7}{20} \cdot 15 = \frac{7}{20} \cdot \frac{15}{1} = \frac{7 \cdot 15}{20 \cdot 1} = \frac{7 \cdot 3}{4 \cdot 1} = \frac{21}{4} = \boxed{5\frac{1}{4}}$

Wenn du **keine** oder **eine** Aufgabe **falsch** hast, dann hast du **gut** gerechnet. Wenn du **zwei** oder **mehr** Aufgaben **falsch** hast, dann bitte ich dich, das zweite Kapitel von **Seite 9** an zu **wiederholen**.

3. KAPITEL

Malnehmen mit **gemischter Zahl**

In diesem Kapitel wird dir das Malnehmen mit einer **gemischten Zahl** erklärt.

Ein Beispiel: $\frac{3}{5} \cdot 1\frac{1}{8} =$

$\uparrow$ echter Bruch — $\uparrow$ gemischte Zahl

Die **gemischte Zahl** muß in einen **unechten Bruch umgewandelt** werden.

$\frac{3}{5} \cdot \frac{9}{8} =$

$\uparrow$ echter Bruch — $\uparrow$ unechter Bruch

Merke dir bitte gut!

> **Echter Bruch** bedeutet, daß der Zähler **kleiner** als der Nenner ist. Der Wert des ganzen Bruches ist also **weniger** als 1 Ganzes.
> **Unechter Bruch** bedeutet, daß der Zähler **größer** als der Nenner ist. Der Wert des ganzen Bruches ist **mehr** als 1 Ganzes.

echte Brüche	**unechte** Brüche
$\frac{1}{3}$ $\frac{2}{5}$ $\frac{3}{4}$ $\frac{9}{11}$	$\frac{4}{3}$ $\frac{5}{2}$ $\frac{7}{4}$ $\frac{13}{9}$

Zurück zu unserer Aufgabe.
Man **verwandelt** also die **gemischte Zahl** in einen **unechten Bruch** und braucht dann nur so rechnen wie im ersten und zweiten Kapitel, nämlich: Zähler mal Zähler und Nenner mal Nenner.

$$\frac{3}{5} \cdot \frac{9}{8} = \frac{3 \cdot 9}{5 \cdot 8} = \boxed{\frac{27}{40}}$$

$\frac{2}{3} \cdot 1\frac{2}{5} =$

$\frac{2}{3} \cdot 1\frac{2}{5}$

↓ Verwandeln in einen unechten Bruch

$\frac{2}{3} \cdot \frac{7}{5} = \frac{2 \cdot 7}{3 \cdot 5} = \boxed{\frac{14}{15}}$

$\frac{3}{7} \cdot 1\frac{5}{8} =$

$\frac{3}{7} \cdot \frac{13}{8} = \frac{3 \cdot 13}{7 \cdot 8} = \boxed{\frac{39}{56}}$

$2\frac{1}{4} \cdot \frac{1}{5} =$

$\frac{9}{4} \cdot \frac{1}{5} = \frac{9 \cdot 1}{4 \cdot 5} = \boxed{\frac{9}{20}}$

$\frac{3}{11} \cdot 2\frac{2}{5} =$

$\frac{3}{11} \cdot \frac{12}{5} = \frac{3 \cdot 12}{11 \cdot 5} = \boxed{\frac{36}{55}}$

Bei den folgenden Aufgaben kann man **kürzen**.

$2\frac{5}{6} \cdot \frac{3}{10} =$

$\frac{17}{6} \cdot \frac{3}{10} = \frac{17 \cdot 3}{6 \cdot 10} = \frac{17 \cdot 1}{2 \cdot 10} = \boxed{\frac{17}{20}}$

$1\frac{3}{7} \cdot \frac{4}{15} =$

$\frac{10}{7} \cdot \frac{4}{15} = \frac{10 \cdot 4}{7 \cdot 15} = \frac{2 \cdot 4}{7 \cdot 3} = \boxed{\frac{8}{21}}$

$2\frac{2}{3} \cdot \frac{7}{12} =$

$\frac{8}{3} \cdot \frac{7}{12} = \frac{8 \cdot 7}{3 \cdot 12} = \frac{2 \cdot 7}{3 \cdot 3} = \frac{14}{9} = \boxed{1\frac{5}{9}}$

$\frac{12}{23} \cdot 5\frac{3}{4} =$

$\frac{12}{23} \cdot \frac{23}{4} = \frac{12 \cdot 23}{23 \cdot 4} = \frac{3 \cdot 1}{1 \cdot 1} = \frac{3}{1} = \boxed{3}$

Bei den nächsten Aufgaben wird eine **gemischte Zahl** mit einer **ganzen** Zahl malgenommen.

$1\frac{2}{7} \cdot 4 =$

$\frac{9}{7} \cdot \frac{4}{1} = \frac{9 \cdot 4}{7 \cdot 1} = \frac{36}{7} = \boxed{5\frac{1}{7}}$

$3\frac{1}{5} \cdot 3 =$

$\frac{16}{5} \cdot \frac{3}{1} = \frac{16 \cdot 3}{5 \cdot 1} = \frac{48}{5} = \boxed{9\frac{3}{5}}$

$5 \cdot 2\frac{7}{8} =$

$\frac{5}{1} \cdot \frac{23}{8} = \frac{5 \cdot 23}{1 \cdot 8} = \frac{115}{8} = 115 : 8 = \boxed{14\frac{3}{8}}$

35

3

Bei diesen Aufgaben kann man wieder **kürzen**.

$2\frac{1}{3} \cdot 6 =$

$\frac{7}{3} \cdot \frac{6}{1} = \frac{7 \cdot 6}{3 \cdot 1} = \frac{7 \cdot 2}{1 \cdot 1} = \frac{14}{1} = \boxed{14}$

$8 \cdot 3\frac{3}{4} =$

$\frac{8}{1} \cdot \frac{15}{4} = \frac{8 \cdot 15}{1 \cdot 4} = \frac{2 \cdot 15}{1 \cdot 1} = \frac{30}{1} = \boxed{30}$

$1\frac{5}{12} \cdot 8 =$

$\frac{17}{12} \cdot \frac{8}{1} = \frac{17 \cdot 8}{12 \cdot 1} = \frac{17 \cdot 2}{3 \cdot 1} = \frac{34}{3} = \boxed{11\frac{1}{3}}$

$7\frac{3}{10} \cdot 15 =$

$\frac{73}{10} \cdot \frac{15}{1} = \frac{73 \cdot 15}{10 \cdot 1} = \frac{73 \cdot 3}{2 \cdot 1} = \frac{219}{2} = \boxed{109\frac{1}{2}}$

Zum Schluß dieses Kapitels rechnen wir noch **gemischte Zahl** mal **gemischte Zahl**.

$1\frac{3}{4} \cdot 2\frac{1}{5}$

$\frac{7}{4} \cdot \frac{11}{5} = \frac{7 \cdot 11}{4 \cdot 5} = \frac{77}{20} = \boxed{3\frac{17}{20}}$

$3\frac{2}{5} \cdot 1\frac{1}{3} =$

$\frac{17}{5} \cdot \frac{4}{3} = \frac{17 \cdot 4}{5 \cdot 3} = \frac{68}{15} = \boxed{4\frac{8}{15}}$

$4\frac{1}{6} \cdot 1\frac{3}{8} =$

$\frac{25}{6} \cdot \frac{11}{8} = \frac{25 \cdot 11}{6 \cdot 8} = \frac{275}{48} = 275 : 48 = \boxed{5\frac{35}{48}}$

35

Bei den folgenden Aufgaben kann man wieder **kürzen**.

$1\frac{2}{3} \cdot 3\frac{3}{5} =$

$\frac{5}{3} \cdot \frac{18}{5} = \frac{5 \cdot 18}{3 \cdot 5} = \frac{1 \cdot 6}{1 \cdot 1} = \frac{6}{1} = \boxed{6}$

$3\frac{4}{5} \cdot 2\frac{1}{2} =$

$\frac{19}{5} \cdot \frac{5}{2} = \frac{19 \cdot 5}{5 \cdot 2} = \frac{19 \cdot 1}{1 \cdot 2} = \frac{19}{2} = \boxed{9\frac{1}{2}}$

$1\frac{4}{9} \cdot 2\frac{1}{4} =$

$\frac{13}{9} \cdot \frac{9}{4} = \frac{13 \cdot 9}{9 \cdot 4} = \frac{13 \cdot 1}{1 \cdot 4} = \frac{13}{4} = \boxed{3\frac{1}{4}}$

$16\frac{1}{3} \cdot 3\frac{3}{7} =$

$\frac{49}{3} \cdot \frac{24}{7} = \frac{49 \cdot 24}{3 \cdot 7} = \frac{7 \cdot 8}{1 \cdot 1} = \frac{56}{1} = \boxed{56}$

$5\frac{5}{8} \cdot 1\frac{19}{21} =$

$\frac{45}{8} \cdot \frac{40}{21} = \frac{45 \cdot 40}{8 \cdot 21} = \frac{15 \cdot 5}{1 \cdot 7} = \frac{75}{7} = \boxed{10\frac{5}{7}}$

Prüfe dich jetzt!

1. $3\frac{4}{9} \cdot \frac{2}{7} =$

2. $8 \cdot 5\frac{3}{4} =$

3. $1\frac{1}{2} \cdot 1\frac{1}{4} =$

4. $3\frac{3}{4} \cdot 2\frac{1}{5} =$

Hier sind die **Lösungen**:

1. $3\frac{4}{9} \cdot \frac{2}{7} = \frac{31}{9} \cdot \frac{2}{7} = \frac{31 \cdot 2}{9 \cdot 7} = \boxed{\frac{62}{63}}$

2. $8 \cdot 5\frac{3}{4} = \frac{8}{1} \cdot \frac{23}{4} = \frac{8 \cdot 23}{1 \cdot 4} = \frac{2 \cdot 23}{1 \cdot 1} = \frac{46}{1} = \boxed{46}$

3. $1\frac{1}{2} \cdot 1\frac{1}{4} = \frac{3}{2} \cdot \frac{5}{4} = \frac{3 \cdot 5}{2 \cdot 4} = \frac{15}{8} = \boxed{1\frac{7}{8}}$

4. $3\frac{3}{4} \cdot 2\frac{1}{5} = \frac{15}{4} \cdot \frac{11}{5} = \frac{15 \cdot 11}{4 \cdot 5} = \frac{3 \cdot 11}{4 \cdot 1} = \frac{33}{4} = \boxed{8\frac{1}{4}}$

Wenn du **keine** oder **eine** Aufgabe **falsch** hast, dann hast du **gut** gerechnet. Wenn du **zwei** oder **mehr** Aufgaben **falsch** hast, dann bitte ich dich, das dritte Kapitel von **Seite 15** an zu **wiederholen**.

4. KAPITEL

Schwierigere Aufgaben

$\frac{3}{4} \cdot \frac{1}{2} \cdot \frac{5}{8} =$

$\frac{3}{4} \cdot \frac{1}{2} \cdot \frac{5}{8} = \frac{3 \cdot 1 \cdot 5}{4 \cdot 2 \cdot 8} = \boxed{\frac{15}{64}}$

$\frac{4}{5} \cdot \frac{2}{3} \cdot \frac{1}{3} =$

$\frac{4}{5} \cdot \frac{2}{3} \cdot \frac{1}{3} = \frac{4 \cdot 2 \cdot 1}{5 \cdot 3 \cdot 3} = \boxed{\frac{8}{45}}$

$\frac{3}{4} \cdot \frac{5}{7} \cdot 3 =$

$\frac{3}{4} \cdot \frac{5}{7} \cdot \frac{3}{1} = \frac{3 \cdot 5 \cdot 3}{4 \cdot 7 \cdot 1} = \frac{45}{28} = \boxed{1\frac{17}{28}}$

$\frac{3}{5} \cdot 1\frac{4}{7} \cdot 2 =$

$\frac{3}{5} \cdot \frac{11}{7} \cdot \frac{2}{1} = \frac{3 \cdot 11 \cdot 2}{5 \cdot 7 \cdot 1} = \frac{66}{35} = \boxed{1\frac{31}{35}}$

$3\frac{2}{5} \cdot \frac{1}{3} \cdot 4 =$

$\frac{17}{5} \cdot \frac{1}{3} \cdot \frac{4}{1} = \frac{17 \cdot 1 \cdot 4}{5 \cdot 3 \cdot 1} = \frac{68}{15} = \boxed{4\frac{8}{15}}$

Bei den folgenden Aufgaben kannst du **kürzen**.

$\frac{3}{8} \cdot 2\frac{1}{3} \cdot \frac{4}{5} =$

$\frac{3}{8} \cdot \frac{7}{3} \cdot \frac{4}{5} = \frac{3 \cdot 7 \cdot 4}{8 \cdot 3 \cdot 5} = \frac{1 \cdot 7 \cdot 1}{2 \cdot 1 \cdot 5} = \boxed{\frac{7}{10}}$

$\frac{7}{10} \cdot \frac{5}{7} \cdot 3\frac{2}{3} =$

$\frac{7}{10} \cdot \frac{5}{7} \cdot \frac{11}{3} = \frac{7 \cdot 5 \cdot 11}{10 \cdot 7 \cdot 3} = \frac{1 \cdot 1 \cdot 11}{2 \cdot 1 \cdot 3} = \frac{11}{6} = \boxed{1\frac{5}{6}}$

$2\frac{3}{7} \cdot \frac{5}{12} \cdot \frac{6}{15} =$

$\frac{17}{7} \cdot \frac{5}{12} \cdot \frac{6}{15} = \frac{17 \cdot 5 \cdot 6}{7 \cdot 12 \cdot 15} = \frac{17 \cdot 1 \cdot 1}{7 \cdot 2 \cdot 3} = \boxed{\frac{17}{42}}$

$1\frac{4}{5} \cdot 2\frac{2}{3} \cdot 5 =$

$\frac{9}{5} \cdot \frac{8}{3} \cdot \frac{5}{1} = \frac{9 \cdot 8 \cdot 5}{5 \cdot 3 \cdot 1} = \frac{3 \cdot 8 \cdot 1}{1 \cdot 1 \cdot 1} = \frac{24}{1} = \boxed{24}$

$3\frac{1}{5} \cdot 2\frac{1}{3} \cdot 3\frac{1}{8} =$

$\frac{16}{5} \cdot \frac{7}{3} \cdot \frac{25}{8} = \frac{16 \cdot 7 \cdot 25}{5 \cdot 3 \cdot 8} = \frac{2 \cdot 7 \cdot 5}{1 \cdot 3 \cdot 1} = \frac{70}{3} = \boxed{23\frac{1}{3}}$

$1\frac{1}{2} \cdot 3\frac{1}{3} \cdot 5\frac{1}{5} =$

$\frac{3}{2} \cdot \frac{10}{3} \cdot \frac{26}{5} = \frac{3 \cdot 10 \cdot 26}{2 \cdot 3 \cdot 5} = \frac{1 \cdot 1 \cdot 26}{1 \cdot 1 \cdot 1} = \frac{26}{1} = \boxed{26}$

$1\frac{7}{8} \cdot \frac{4}{5} \cdot 2\frac{1}{3} =$

$\frac{15}{8} \cdot \frac{4}{5} \cdot \frac{7}{3} = \frac{15 \cdot 4 \cdot 7}{8 \cdot 5 \cdot 3} = \frac{1 \cdot 1 \cdot 7}{2 \cdot 1 \cdot 1} = \frac{7}{2} = \boxed{3\frac{1}{2}}$

$\frac{7}{30} \cdot 5\frac{5}{8} \cdot 24 =$

$\frac{7}{30} \cdot \frac{45}{8} \cdot \frac{24}{1} = \frac{7 \cdot 45 \cdot 24}{30 \cdot 8 \cdot 1} = \frac{7 \cdot 3 \cdot 3}{2 \cdot 1 \cdot 1} = \frac{63}{2} = \boxed{31\frac{1}{2}}$

$\frac{4}{5} \cdot 1\frac{7}{8} \cdot \frac{2}{3} =$

$\frac{4}{5} \cdot \frac{15}{8} \cdot \frac{2}{3} = \frac{4 \cdot 15 \cdot 2}{5 \cdot 8 \cdot 3} = \boxed{1}$

$1\frac{4}{9} \cdot \frac{5}{39} \cdot 6\frac{3}{4} =$

$\frac{13}{9} \cdot \frac{5}{39} \cdot \frac{27}{4} = \frac{13 \cdot 5 \cdot 27}{9 \cdot 39 \cdot 4} = \frac{1 \cdot 5 \cdot 1}{1 \cdot 1 \cdot 4} = \frac{5}{4} = \boxed{1\frac{1}{4}}$

$8\frac{4}{7} \cdot \frac{3}{4} \cdot \frac{7}{15} =$

$\frac{60}{7} \cdot \frac{3}{4} \cdot \frac{7}{15} = \frac{60 \cdot 3 \cdot 7}{7 \cdot 4 \cdot 15} = \frac{1 \cdot 3 \cdot 1}{1 \cdot 1 \cdot 1} = \boxed{3}$

$\frac{2}{9} \cdot 2\frac{4}{7} \cdot 1\frac{2}{3} =$

$\frac{2}{9} \cdot \frac{18}{7} \cdot \frac{5}{3} = \frac{2 \cdot 18 \cdot 5}{9 \cdot 7 \cdot 3} = \frac{2 \cdot 2 \cdot 5}{1 \cdot 7 \cdot 3} = \boxed{\frac{20}{21}}$

Prüfe dich jetzt!

1. $2\frac{1}{3} \cdot \frac{1}{2} \cdot 1\frac{1}{4} =$

2. $\frac{5}{7} \cdot 2\frac{4}{5} \cdot 3 =$

3. $1\frac{7}{16} \cdot 1\frac{3}{7} \cdot \frac{8}{23} =$

Hier sind die **Lösungen**!

1. $2\frac{1}{3} \cdot \frac{1}{2} \cdot 1\frac{1}{4} = \frac{7}{3} \cdot \frac{1}{2} \cdot \frac{5}{4} = \frac{7 \cdot 1 \cdot 5}{3 \cdot 2 \cdot 4} = \frac{35}{24} = \boxed{1\frac{11}{24}}$

2. $\frac{5}{7} \cdot 2\frac{4}{5} \cdot 3 = \frac{5}{7} \cdot \frac{14}{5} \cdot \frac{3}{1} = \frac{5 \cdot 14 \cdot 3}{7 \cdot 5 \cdot 1} = \frac{1 \cdot 2 \cdot 3}{1 \cdot 1 \cdot 1} = \boxed{6}$

3. $1\frac{7}{16} \cdot 1\frac{3}{7} \cdot \frac{8}{23} = \frac{23}{16} \cdot \frac{10}{7} \cdot \frac{8}{23} = \frac{23 \cdot 10 \cdot 8}{16 \cdot 7 \cdot 23} = \frac{1 \cdot 5 \cdot 1}{1 \cdot 7 \cdot 1} = \boxed{\frac{5}{7}}$

Wenn du **keine** oder **eine** Aufgabe **falsch** hast, dann hast du **gut** gerechnet. Wenn du **zwei** oder gar alle **drei** Aufgaben **falsch** hast, dann bitte ich dich, dieses Kapitel von **Seite 21** an zu **wiederholen**!

Teil B: Teilen von Brüchen

1. KAPITEL

Bruch geteilt durch **Bruch**

In diesem Kapitel wird dir erklärt, wie man einen Bruch durch einen anderen Bruch **teilt**.

Ein Beispiel: $\frac{2}{7} : \frac{3}{4} =$

↑ erster Bruch ↑ zweiter Bruch

Man muß beim **zweiten** Bruch, das ist hier $\frac{3}{4}$, den Zähler mit dem Nenner **vertauschen** und dann mit dem **ersten** Bruch **malnehmen**.

$$\frac{2}{7} \cdot \frac{4}{3} = \boxed{\frac{8}{21}}$$

↑ Hier wurde der **Zähler** mit dem **Nenner vertauscht**.

Bevor wir ein zweites Beispiel rechnen, sollst du erst das **Vertauschen** von Zähler mit Nenner **üben**.
Vertausche bei diesen 3 Brüchen **Zähler** mit **Nenner**!

$\frac{8}{3}$ $\frac{9}{5}$ $\frac{2}{10}$

- -

aus $\left(\frac{8}{3}\right)$ wird $\boxed{\frac{3}{8}}$ aus $\left(\frac{9}{5}\right)$ wird $\boxed{\frac{5}{9}}$ aus $\left(\frac{2}{10}\right)$ wird $\boxed{\frac{10}{2}}$

Vertausche auch bei diesen drei Brüchen **Zähler** mit **Nenner**!

$\frac{4}{9}$ $\frac{2}{3}$ $\frac{5}{6}$

- -

aus $\left(\frac{4}{9}\right)$ wird $\boxed{\frac{9}{4}}$ aus $\left(\frac{2}{3}\right)$ wird $\boxed{\frac{3}{2}}$ aus $\left(\frac{5}{6}\right)$ wird $\boxed{\frac{6}{5}}$

Nun rechne ich dir noch ein zweites Beispiel vor:

$$\frac{2}{5} : \frac{7}{9} =$$

↑ erster Bruch ↑ zweiter Bruch

Beim **zweiten** Bruch muß der Zähler mit dem Nenner **vertauscht** und dann mit dem **ersten** Bruch **malgenommen** werden.

$$\frac{2}{5} \cdot \frac{9}{7} = \boxed{\frac{18}{35}}$$

↑ Hier wurde der **Zähler** mit dem **Nenner vertauscht**.

↑ Aus dem **Teilungs**zeichen wird ein **Mal**zeichen.

Merke dir gut!

> Wenn man einen Bruch durch einen anderen Bruch teilt, sind **zwei Dinge** zu **beachten**!
> 1. Beim **zweiten Bruch** wird der **Zähler** mit dem **Nenner vertauscht**.
> 2. **Anstatt geteilt** (:) schreibt man **mal** (·).

Wie du gesehen hast, kann man eine **Teilungs**aufgabe in eine **Mal**aufgabe **umwandeln**, wenn man die **zwei** Dinge beachtet.

Rechne nun alleine!

$\frac{2}{5} : \frac{3}{4} =$ $\quad\quad$ $\frac{5}{9} : \frac{3}{4} =$

$\frac{2}{5} \cdot \frac{4}{3} = \boxed{\frac{8}{15}}$ $\quad\quad$ $\frac{5}{9} \cdot \frac{4}{3} = \boxed{\frac{20}{27}}$

Rechne weiter!

$\frac{1}{4} : \frac{5}{7} =$ $\quad\quad$ $\frac{4}{15} : \frac{3}{8} =$

$\frac{1}{4} \cdot \frac{7}{5} = \boxed{\frac{7}{20}}$ $\quad\quad$ $\frac{4}{15} \cdot \frac{8}{3} = \boxed{\frac{32}{45}}$

Beachte, daß man bei den folgenden Aufgaben **kürzen** kann!

$\frac{4}{5} : \frac{7}{10} =$

$\frac{4}{5} \cdot \frac{10}{7} = \frac{4 \cdot 10}{5 \cdot 7} = \frac{4 \cdot 2}{1 \cdot 7} = \frac{8}{7} = \boxed{1\frac{1}{7}}$

$\frac{5}{12} : \frac{2}{3} =$

$\frac{5}{12} \cdot \frac{3}{2} = \frac{5 \cdot 3}{12 \cdot 2} = \frac{5 \cdot 1}{4 \cdot 2} = \boxed{\frac{5}{8}}$

$\frac{6}{7} : \frac{3}{5} =$

$\frac{6}{7} \cdot \frac{5}{3} = \frac{6 \cdot 5}{7 \cdot 3} = \frac{2 \cdot 5}{7 \cdot 1} = \frac{10}{7} = \boxed{1\frac{3}{7}}$

$\frac{8}{15} : \frac{4}{5} =$

$\frac{8}{15} \cdot \frac{5}{4} = \frac{8 \cdot 5}{15 \cdot 4} = \frac{2 \cdot 1}{3 \cdot 1} = \boxed{\frac{2}{3}}$

$\frac{6}{7} : \frac{3}{14} =$

$\frac{6}{7} \cdot \frac{14}{3} = \frac{6 \cdot 14}{7 \cdot 3} = \frac{2 \cdot 2}{1 \cdot 1} = \boxed{4}$

$\frac{5}{12} : \frac{5}{18} =$

$\frac{5}{12} \cdot \frac{18}{5} = \frac{5 \cdot 18}{12 \cdot 5} = \frac{1 \cdot 3}{2 \cdot 1} = \frac{3}{2} = \boxed{1\frac{1}{2}}$

$\frac{8}{21} : \frac{5}{14} =$

$\frac{8}{21} \cdot \frac{14}{5} = \frac{8 \cdot 14}{21 \cdot 5} = \frac{8 \cdot 2}{3 \cdot 5} = \frac{16}{15} = \boxed{1\frac{1}{15}}$

$\frac{9}{20} : \frac{8}{15} =$

$\frac{9}{20} \cdot \frac{15}{8} = \frac{9 \cdot 15}{20 \cdot 8} = \frac{9 \cdot 3}{4 \cdot 8} = \boxed{\frac{27}{32}}$

$\frac{12}{35} : \frac{3}{7} =$

$\frac{12}{35} \cdot \frac{7}{3} = \frac{12 \cdot 7}{35 \cdot 3} = \frac{4 \cdot 1}{5 \cdot 1} = \boxed{\frac{4}{5}}$

$\frac{20}{27} : \frac{4}{9} =$

$\frac{20}{27} \cdot \frac{9}{4} = \frac{20 \cdot 9}{27 \cdot 4} = \frac{5 \cdot 1}{3 \cdot 1} = \frac{5}{3} = \boxed{1\frac{2}{3}}$

Prüfe dich jetzt!

1. $\frac{2}{3} : \frac{3}{4} =$ 2. $\frac{3}{4} : \frac{5}{8} =$ 3. $\frac{12}{25} : \frac{3}{10} =$

Hier sind die **Lösungen**:

1. $\frac{2}{3} : \frac{3}{4} = \frac{2}{3} \cdot \frac{4}{3} = \frac{2 \cdot 4}{3 \cdot 3} = \boxed{\frac{8}{9}}$

2. $\frac{3}{4} : \frac{5}{8} = \frac{3}{4} \cdot \frac{8}{5} = \frac{3 \cdot 8}{4 \cdot 5} = \frac{3 \cdot 2}{1 \cdot 5} = \frac{6}{5} = \boxed{1\frac{1}{5}}$

3. $\frac{12}{25} : \frac{3}{10} = \frac{12}{25} \cdot \frac{10}{3} = \frac{12 \cdot 10}{25 \cdot 3} = \frac{4 \cdot 2}{5 \cdot 1} = \frac{8}{5} = \boxed{1\frac{3}{5}}$

Wenn du **keine** oder **eine** Aufgabe **falsch** hast, dann hast du **gut** gerechnet. Wenn du **zwei** oder gar alle **drei** Aufgaben **falsch** hast, dann bitte ich dich, dieses Kapitel von **Seite 25** an zu **wiederholen**!

2. KAPITEL

Bruch geteilt durch **ganze** Zahl
Ganze Zahl geteilt durch **Bruch**

In diesem Kapitel werden wir einen **Bruch** durch eine **ganze** Zahl teilen und **umgekehrt**.

Ein Beispiel: $\frac{2}{5} : 3 =$

Du weißt, daß man **jede ganze Zahl** auch als **Bruch mit dem Nenner 1** schreiben kann. Anstatt 3 kann man auch $\frac{3}{1}$ schreiben. Die Aufgabe heißt dann:

$$\frac{2}{5} : \frac{3}{1} =$$

Und nun braucht man **nur so** zu rechnen, wie im **vorhergegangenen** Kapitel. Man **vertauscht den Zähler** mit dem **Nenner** und nimmt **mal**.

$$\frac{2}{5} \cdot \frac{1}{3} = \frac{2 \cdot 1}{5 \cdot 3} = \boxed{\frac{2}{15}}$$

Ein zweites Beispiel:

$$\frac{3}{4} : 5 =$$

$$\frac{3}{4} : \frac{5}{1} =$$

$$\frac{3}{4} \cdot \frac{1}{5} = \frac{3 \cdot 1}{4 \cdot 5} = \boxed{\frac{3}{20}}$$

Das hast du sicherlich verstanden. Rechne jetzt alleine!

$\frac{3}{7} : 2 =$

— —

$\frac{3}{7} : \frac{2}{1} = \frac{3}{7} \cdot \frac{1}{2} = \frac{3 \cdot 1}{7 \cdot 2} = \boxed{\frac{3}{14}}$

$\frac{5}{8} : 3 =$

$\frac{5}{8} : \frac{3}{1} = \frac{5}{8} \cdot \frac{1}{3} = \frac{5 \cdot 1}{8 \cdot 3} = \boxed{\frac{5}{24}}$

$\frac{4}{9} : 7 =$

$\frac{4}{9} : \frac{7}{1} = \frac{4}{9} \cdot \frac{1}{7} = \frac{4 \cdot 1}{9 \cdot 7} = \boxed{\frac{4}{63}}$

$\frac{5}{6} : 9 =$

$\frac{5}{6} : \frac{9}{1} = \frac{5}{6} \cdot \frac{1}{9} = \frac{5 \cdot 1}{6 \cdot 9} = \boxed{\frac{5}{54}}$

$\frac{3}{10} : 4 =$

$\frac{3}{10} : \frac{4}{1} = \frac{3}{10} \cdot \frac{1}{4} = \frac{3 \cdot 1}{10 \cdot 4} = \boxed{\frac{3}{40}}$

Bei diesen Aufgaben kann man **kürzen**!

$\frac{4}{5} : 8 =$

$\frac{4}{5} : \frac{8}{1} = \frac{4}{5} \cdot \frac{1}{8} = \frac{4 \cdot 1}{5 \cdot 8} = \frac{1 \cdot 1}{5 \cdot 2} = \boxed{\frac{1}{10}}$

$\frac{3}{7} : 12 =$

$\frac{3}{7} : \frac{12}{1} = \frac{3}{7} \cdot \frac{1}{12} = \frac{3 \cdot 1}{7 \cdot 12} = \frac{1 \cdot 1}{7 \cdot 4} = \boxed{\frac{1}{28}}$

$\frac{9}{20} : 6 =$

$\frac{9}{20} : \frac{6}{1} = \frac{9}{20} \cdot \frac{1}{6} = \frac{9 \cdot 1}{20 \cdot 6} = \frac{3 \cdot 1}{20 \cdot 2} = \boxed{\frac{3}{40}}$

$\frac{25}{33} : 10 =$

- -

$\frac{25}{33} : \frac{10}{1} = \frac{25}{33} \cdot \frac{1}{10} = \frac{25 \cdot 1}{33 \cdot 10} = \frac{5 \cdot 1}{33 \cdot 2} = \boxed{\frac{5}{66}}$

$\frac{8}{9} : 20 =$

- -

$\frac{8}{9} : \frac{20}{1} = \frac{8}{9} \cdot \frac{1}{20} = \frac{8 \cdot 1}{9 \cdot 20} = \frac{2 \cdot 1}{9 \cdot 5} = \boxed{\frac{2}{45}}$

Nun teilen wir eine **ganze Zahl** durch einen **Bruch**.

Ein Beispiel: $5 : \frac{2}{3} =$

Du weißt, daß man **jede ganze Zahl als Bruch** mit **dem Nenner 1** schreiben kann. Anstatt 5 kann man auch $\frac{5}{1}$ schreiben. Die Aufgabe heißt dann:

$$\frac{5}{1} : \frac{2}{3} =$$

Du brauchst jetzt beim zweiten Bruch nur **Zähler** mit **Nenner vertauschen** und mit dem ersten Bruch **malnehmen**. Man rechnet also **genauso** wie im **vorhergegangenen** Kapitel.

$$\frac{5}{1} \cdot \frac{3}{2} = \frac{5 \cdot 3}{1 \cdot 2} = \frac{15}{2} = \boxed{7\tfrac{1}{2}}$$

Ein zweites Beispiel:

$$4 \cdot \frac{3}{5} =$$

$$\frac{4}{1} : \frac{3}{5} =$$

$$\frac{4}{1} \cdot \frac{5}{3} = \frac{4 \cdot 5}{1 \cdot 3} = \frac{20}{3} = \boxed{6\tfrac{2}{3}}$$

Rechne jetzt alleine!

$3 : \frac{5}{7} =$

- -

$\frac{3}{1} : \frac{5}{7} = \frac{3}{1} \cdot \frac{7}{5} = \frac{3 \cdot 7}{1 \cdot 5} = \frac{21}{5} = \boxed{4\frac{1}{5}}$

$2 : \frac{9}{10} =$

$\frac{2}{1} : \frac{9}{10} = \frac{2}{1} \cdot \frac{10}{9} = \frac{2 \cdot 10}{1 \cdot 9} = \frac{20}{9} = \boxed{2\frac{2}{9}}$

$7 : \frac{3}{4} =$

$\frac{7}{1} : \frac{3}{4} = \frac{7}{1} \cdot \frac{4}{3} = \frac{7 \cdot 4}{1 \cdot 3} = \frac{28}{3} = \boxed{9\frac{1}{3}}$

$5 : \frac{4}{7} =$

$\frac{5}{1} : \frac{4}{7} = \frac{5}{1} \cdot \frac{7}{4} = \frac{5 \cdot 7}{1 \cdot 4} = \frac{35}{4} = \boxed{8\frac{3}{4}}$

Bei den folgenden Aufgaben kann man **kürzen**!

$2 : \frac{4}{5} =$

$\frac{2}{1} : \frac{4}{5} = \frac{2}{1} \cdot \frac{5}{4} = \frac{2 \cdot 5}{1 \cdot 4} = \frac{1 \cdot 5}{1 \cdot 2} = \frac{5}{2} = \boxed{2\frac{1}{2}}$

$3 : \frac{9}{10} =$

$\frac{3}{1} : \frac{9}{10} = \frac{3}{1} \cdot \frac{10}{9} = \frac{3 \cdot 10}{1 \cdot 9} = \frac{1 \cdot 10}{1 \cdot 3} = \frac{10}{3} = \boxed{3\frac{1}{3}}$

$14 : \frac{7}{8} =$

$\frac{14}{1} : \frac{7}{8} = \frac{14}{1} \cdot \frac{8}{7} = \frac{14 \cdot 8}{1 \cdot 7} = \frac{2 \cdot 8}{1 \cdot 1} = \frac{16}{1} = \boxed{16}$

$8 : \frac{4}{5} =$

$$\frac{8}{1} : \frac{4}{5} = \frac{8}{1} \cdot \frac{5}{4} = \frac{8 \cdot 5}{1 \cdot 4} = \frac{2 \cdot 5}{1 \cdot 1} = \frac{10}{1} = \boxed{10}$$

$$6 : \frac{1}{5} =$$

— —

$$\frac{6}{1} : \frac{1}{5} = \frac{6}{1} \cdot \frac{5}{1} = \frac{6 \cdot 5}{1 \cdot 1} = \frac{30}{1} = \boxed{30}$$

Prüfe dich jetzt!

1. $\frac{7}{8} : 5 =$
2. $\frac{9}{10} : 3 =$
3. $4 : \frac{5}{9} =$
4. $12 : \frac{4}{7} =$

— —

Hier sind die **Lösungen**:

1. $\frac{7}{8} : 5 = \frac{7}{8} : \frac{5}{1} = \frac{7}{8} \cdot \frac{1}{5} = \frac{7 \cdot 1}{8 \cdot 5} = \boxed{\frac{7}{40}}$

2. $\frac{9}{10} : 3 = \frac{9}{10} : \frac{3}{1} = \frac{9}{10} \cdot \frac{1}{3} = \frac{9 \cdot 1}{10 \cdot 3} = \frac{3 \cdot 1}{10 \cdot 1} = \boxed{\frac{3}{10}}$

3. $4 : \frac{5}{9} = \frac{4}{1} : \frac{5}{9} = \frac{4}{1} \cdot \frac{9}{5} = \frac{4 \cdot 9}{1 \cdot 5} = \frac{36}{5} = \boxed{7\frac{1}{5}}$

4. $12 : \frac{4}{7} = \frac{12}{1} : \frac{4}{7} = \frac{12}{1} \cdot \frac{7}{4} = \frac{12 \cdot 7}{1 \cdot 4} = \frac{3 \cdot 7}{1 \cdot 1} = \frac{21}{1} = \boxed{21}$

Wenn du **keine** oder **eine** Aufgabe **falsch** hast, dann hast du **gut** gerechnet. Wenn du **zwei** oder **mehr** Aufgaben **falsch** hast, dann bitte ich dich, dieses Kapitel von **Seite 29** an zu **wiederholen**!

3. KAPITEL

Teilen mit **gemischter Zahl**

Gleich ein Beispiel: $\frac{4}{5} : 2\frac{1}{3} =$

↑ gemischte Zahl

Die **gemischte Zahl** $2\frac{1}{3}$ muß zuerst in einen **unechten Bruch verwandelt** werden. Die Aufgabe heißt dann:

$$\frac{4}{5} : \frac{7}{3} =$$

↑ unechter Bruch

Ab jetzt rechnet man wieder so, wie in den beiden vorhergegangenen Kapiteln: Zähler mit Nenner **vertauschen** und dann **malnehmen**.

$$\frac{4}{5} \cdot \frac{3}{7} = \boxed{\frac{12}{35}}$$

Ein zweites Beispiel:

$$2\frac{1}{4} : \frac{2}{3} =$$

$$\frac{9}{4} : \frac{2}{3} =$$

$$\frac{9}{4} \cdot \frac{3}{2} = \frac{27}{8} = \boxed{3\frac{3}{8}}$$

Rechne die folgenden Aufgaben alleine!

$3\frac{1}{2} : \frac{3}{5} =$

- -

$$\frac{7}{2} : \frac{3}{5} = \frac{7}{2} \cdot \frac{5}{3} = \frac{7 \cdot 5}{2 \cdot 3} = \frac{35}{6} = \boxed{5\frac{5}{6}}$$

$\frac{5}{7} : 2\frac{1}{4} =$

$\frac{5}{7} : \frac{9}{4} = \frac{5}{7} \cdot \frac{4}{9} = \frac{5 \cdot 4}{7 \cdot 9} = \boxed{\frac{20}{63}}$

$5 : 1\frac{3}{8} =$

$\frac{5}{1} : \frac{11}{8} = \frac{5}{1} \cdot \frac{8}{11} = \frac{5 \cdot 8}{1 \cdot 11} = \frac{40}{11} = \boxed{3\frac{7}{11}}$

$2\frac{4}{5} : 3 =$

$\frac{14}{5} : \frac{3}{1} = \frac{14}{5} \cdot \frac{1}{3} = \frac{14 \cdot 1}{5 \cdot 3} = \boxed{\frac{14}{15}}$

$3\frac{2}{3} : 1\frac{3}{5} =$

$\frac{11}{3} : \frac{8}{5} = \frac{11}{3} \cdot \frac{5}{8} = \boxed{2\frac{7}{24}}$

Bei diesen Aufgaben kann man vorher **kürzen**.

$\frac{7}{10} : 4\frac{2}{3} =$

$\frac{7}{10} : \frac{14}{3} = \frac{7}{10} \cdot \frac{3}{14} = \frac{7 \cdot 3}{10 \cdot 14} = \frac{1 \cdot 3}{10 \cdot 2} = \boxed{\frac{3}{20}}$

$2\frac{1}{4} : \frac{5}{8} =$

$\frac{9}{4} : \frac{5}{8} = \frac{9}{4} \cdot \frac{8}{5} = \frac{9 \cdot 8}{4 \cdot 5} = \frac{9 \cdot 2}{1 \cdot 5} = \frac{18}{5} = \boxed{3\frac{3}{5}}$

$1\frac{5}{7} : 1\frac{1}{3} =$

$\frac{12}{7} : \frac{4}{3} = \frac{12}{7} \cdot \frac{3}{4} = \frac{12 \cdot 3}{7 \cdot 4} = \frac{3 \cdot 3}{7 \cdot 1} = \frac{9}{7} = \boxed{1\frac{2}{7}}$

$1\frac{1}{10} : \frac{4}{5} =$

$\frac{11}{10} : \frac{4}{5} = \frac{11}{10} \cdot \frac{5}{4} = \frac{11 \cdot 5}{10 \cdot 4} = \frac{11 \cdot 1}{2 \cdot 4} = \frac{11}{8} = \boxed{1\frac{3}{8}}$

$6\frac{2}{3} : 5 =$

$\frac{20}{3} : \frac{5}{1} = \frac{20}{3} \cdot \frac{1}{5} = \frac{20 \cdot 1}{3 \cdot 5} = \frac{4 \cdot 1}{3 \cdot 1} = \frac{4}{3} = \boxed{1\frac{1}{3}}$

$4 : 1\frac{3}{5} =$

$\frac{4}{1} : \frac{8}{5} = \frac{4}{1} \cdot \frac{5}{8} = \frac{4 \cdot 5}{1 \cdot 8} = \frac{1 \cdot 5}{1 \cdot 2} = \frac{5}{2} = \boxed{2\frac{1}{2}}$

$\frac{4}{15} : 5\frac{1}{3} =$

$\frac{4}{15} : \frac{16}{3} = \frac{4}{15} \cdot \frac{3}{16} = \frac{4 \cdot 3}{15 \cdot 16} = \frac{1 \cdot 1}{5 \cdot 4} = \boxed{\frac{1}{20}}$

$3\frac{3}{4} : 2\frac{1}{12} =$

$\frac{15}{4} : \frac{25}{12} = \frac{15}{4} \cdot \frac{12}{25} = \frac{15 \cdot 12}{4 \cdot 25} = \frac{3 \cdot 3}{1 \cdot 5} = \frac{9}{5} = \boxed{1\frac{4}{5}}$

$4\frac{1}{6} : \frac{5}{9} =$

$\frac{25}{6} : \frac{5}{9} = \frac{25}{6} \cdot \frac{9}{5} = \frac{25 \cdot 9}{6 \cdot 5} = \frac{5 \cdot 3}{2 \cdot 1} = \frac{15}{2} = \boxed{7\frac{1}{2}}$

$3\frac{1}{9} : 14 =$

$\frac{28}{9} : \frac{14}{1} = \frac{28}{9} \cdot \frac{1}{14} = \frac{28 \cdot 1}{9 \cdot 14} = \frac{2 \cdot 1}{9 \cdot 1} = \boxed{\frac{2}{9}}$

$4\frac{1}{5} : \frac{7}{10} =$

$\frac{21}{5} : \frac{7}{10} = \frac{21}{5} \cdot \frac{10}{7} = \frac{21 \cdot 10}{5 \cdot 7} = \frac{3 \cdot 2}{1 \cdot 1} = \frac{6}{1} = \boxed{6}$

$10\frac{3}{4} : 3\frac{1}{14} =$

$\frac{43}{4} : \frac{43}{14} = \frac{43}{4} \cdot \frac{14}{43} = \frac{43 \cdot 14}{4 \cdot 43} = \frac{1 \cdot 7}{2 \cdot 1} = \frac{7}{2} = \boxed{3\frac{1}{2}}$

$\frac{8}{15} : 3\frac{5}{9} =$

$\frac{8}{15} : \frac{32}{9} = \frac{8}{15} \cdot \frac{9}{32} = \frac{8 \cdot 9}{15 \cdot 32} = \frac{1 \cdot 3}{5 \cdot 4} = \boxed{\frac{3}{20}}$

$3\frac{3}{7} : 8 =$

$\frac{24}{7} : \frac{8}{1} = \frac{24}{7} \cdot \frac{1}{8} = \frac{24 \cdot 1}{7 \cdot 8} = \frac{3 \cdot 1}{7 \cdot 1} = \boxed{\frac{3}{7}}$

$9\frac{2}{5} : 2\frac{7}{20} =$

$\frac{47}{5} : \frac{47}{20} = \frac{47}{5} \cdot \frac{20}{47} = \frac{47 \cdot 20}{5 \cdot 47} = \frac{1 \cdot 4}{1 \cdot 1} = \frac{4}{1} = \boxed{4}$

Prüfe dich jetzt!

1. $7 : 4\frac{1}{5} =$

2. $\frac{3}{5} : 4\frac{7}{8} =$

3. $2\frac{2}{5} : \frac{8}{25} =$

4. $6\frac{2}{3} : 3\frac{5}{9} =$

Hier sind die **Lösungen**:

1. $7 : 4\frac{1}{5} = \frac{7}{1} : \frac{21}{5} = \frac{7}{1} \cdot \frac{5}{21} = \frac{7 \cdot 5}{1 \cdot 21} = \frac{1 \cdot 5}{1 \cdot 3} = \frac{5}{3} = \boxed{1\frac{2}{3}}$

2. $\frac{3}{5} : 4\frac{7}{8} = \frac{3}{5} : \frac{39}{8} = \frac{3}{5} \cdot \frac{8}{39} = \frac{3 \cdot 8}{5 \cdot 39} = \frac{1 \cdot 8}{5 \cdot 13} = \boxed{\frac{8}{65}}$

3. $2\frac{2}{5} : \frac{8}{25} = \frac{12}{5} : \frac{8}{25} = \frac{12}{5} \cdot \frac{25}{8} = \frac{12 \cdot 25}{5 \cdot 8} = \frac{3 \cdot 5}{1 \cdot 2} = \frac{15}{2} = \boxed{7\frac{1}{2}}$

4. $6\frac{2}{3} : 3\frac{5}{9} = \frac{20}{3} : \frac{32}{9} = \frac{20}{3} \cdot \frac{9}{32} = \frac{20 \cdot 9}{3 \cdot 32} = \frac{5 \cdot 3}{1 \cdot 8} = \frac{15}{8} = \boxed{1\frac{7}{8}}$

Wenn du **keine** oder **eine** Aufgabe **falsch** hast, dann hast du **gut** gerechnet. Wenn du **zwei** oder **mehr** Aufgaben **falsch** hast, dann bitte ich dich, dieses Kapitel von **Seite 34** an zu **wiederholen**!

4. KAPITEL

Textaufgaben: Messen von Brüchen

Ein LKW, der $3\frac{1}{4}$ t laden kann, muß einen Kokshaufen von $19\frac{1}{2}$ t transportieren.

Wie oft muß der LKW fahren?

$19\frac{1}{2}\text{ t} \div 3\frac{1}{4}\text{ t} =$

$$\frac{39}{2} \div \frac{13}{4} = \frac{39}{2} \cdot \frac{4}{13} = \frac{39 \cdot 4}{2 \cdot 13} = \frac{3 \cdot 2}{1 \cdot 1} = \frac{6}{1} = 6$$

Der LKW muß | 6 mal | fahren.

In einem Faß befinden sich noch 28 l Rotwein. Er soll in $\frac{7}{10}$ l-Flaschen abgefüllt werden.

Wie viele Flaschen erhält man?

$28\text{ l} \div \frac{7}{10}\text{ l} =$

$$\frac{28}{1} \div \frac{7}{10} = \frac{28}{1} \cdot \frac{10}{7} = \frac{28 \cdot 10}{1 \cdot 7} = \frac{4 \cdot 10}{1 \cdot 1} = \frac{40}{1} = 40$$

Man erhält | 40 | Flaschen.

Ein Bäcker hat einen Mehlvorrat von $12\frac{3}{5}$ dz. Es werden täglich $2\frac{4}{5}$ dz Mehl verarbeitet.

Wie lange reicht der Vorrat noch?

$12\frac{3}{5}\text{ dz} \div 2\frac{4}{5}\text{ dz} =$

$$\frac{63}{5} \div \frac{14}{5} = \frac{63}{5} \cdot \frac{5}{14} = \frac{63 \cdot 5}{5 \cdot 14} = \frac{9 \cdot 1}{1 \cdot 2} = \frac{9}{2} = 4\frac{1}{2}$$

Der Vorrat reicht noch | $4\frac{1}{2}$ | Tage.

Ein LKW, der $2\frac{3}{4}$ t laden kann, muß einen Kokshaufen von $13\frac{3}{4}$ t transportieren.

Wie oft muß der LKW fahren?

$13\frac{3}{4}\,t \div 2\frac{3}{4}\,t =$

$\frac{55}{4} \div \frac{11}{4} = \frac{55}{4} \cdot \frac{4}{11} = \frac{55 \cdot 4}{4 \cdot 11} = \frac{5 \cdot 1}{1 \cdot 1} = \frac{5}{1} = 5$

Der LKW muß **5 mal** fahren.

In einem Faß befinden sich noch $10\frac{1}{2}$ l Wein.

Wie viele $\frac{7}{10}$ l-Flaschen kann man damit füllen?

$10\frac{1}{2}\,l \div \frac{7}{10}\,l =$

$\frac{21}{2} \div \frac{7}{10} = \frac{21}{2} \cdot \frac{10}{7} = \frac{21 \cdot 10}{2 \cdot 7} = \frac{3 \cdot 5}{1 \cdot 1} = \frac{15}{1} = 15$

Man kann damit noch **15** Flaschen füllen.

Ein Junge fährt in $3\frac{1}{4}$ Std. 65 km weit.

Wie groß ist seine durchschnittliche Stundengeschwindigkeit?

$65\,km \div 3\frac{1}{4}\,Std. =$

$\frac{65}{1} \div \frac{13}{4} = \frac{65}{1} \cdot \frac{4}{13} = \frac{65 \cdot 4}{1 \cdot 13} = \frac{5 \cdot 4}{1 \cdot 1} = \frac{20}{1} = 20$

Seine durchschnittliche Stundengeschwindigkeit ist **20 km**

Eine Hausfrau hat $7\frac{1}{2}$ kg Zwetschgenmarmelade gekocht. Diese wird in Gläser abgefüllt, von denen jedes Glas $\frac{5}{8}$ kg faßt.

Wie viele Gläser mit Marmelade gibt das?

$7\frac{1}{2}$ kg $\div$ $\frac{5}{8}$ kg =

$$\frac{15}{2} \div \frac{5}{8} = \frac{15}{2} \cdot \frac{8}{5} = \frac{15 \cdot 8}{2 \cdot 5} = \frac{3 \cdot 4}{1 \cdot 1} = \frac{12}{1} = 12$$

Es gibt **12** Gläser Marmelade.

Wie oft sind $\frac{3}{4}$ l in $4\frac{1}{2}$ l enthalten?

$4\frac{1}{2}$ l $\div$ $\frac{3}{4}$ l =

$$\frac{9}{2} \div \frac{3}{4} = \frac{9}{2} \cdot \frac{4}{3} = \frac{9 \cdot 4}{2 \cdot 3} = \frac{3 \cdot 2}{1 \cdot 1} = \frac{6}{1} = \boxed{6 \text{ mal}}$$

Wie oft sind $\frac{3}{10}$ in $2\frac{2}{5}$ enthalten?

$2\frac{2}{5} \div \frac{3}{10} =$

$$\frac{12}{5} \div \frac{3}{10} = \frac{12}{5} \cdot \frac{10}{3} = \frac{12 \cdot 10}{5 \cdot 3} = \frac{4 \cdot 2}{1 \cdot 1} = \frac{8}{1} = \boxed{8 \text{ mal}}$$

Wie oft sind $\frac{7}{10}$ in $3\frac{1}{2}$ enthalten?

$3\frac{1}{2} \div \frac{7}{10} =$

$$\frac{7}{2} \div \frac{7}{10} = \frac{7}{2} \cdot \frac{10}{7} = \frac{7 \cdot 10}{2 \cdot 7} = \frac{1 \cdot 5}{1 \cdot 1} = \frac{5}{1} = \boxed{5 \text{ mal}}$$

$\frac{5}{8}$ in $3\frac{1}{8}$

$3\frac{1}{8} \div \frac{5}{8} =$

$$\frac{25}{8} \div \frac{5}{8} = \frac{25}{8} \cdot \frac{8}{5} = \frac{25 \cdot 8}{8 \cdot 5} = \frac{5 \cdot 1}{1 \cdot 1} = \frac{5}{1} = \boxed{5 \text{ mal}}$$

$\frac{2}{5}$ in $3\frac{3}{5}$

$3\frac{3}{5} \div \frac{2}{5} =$

$\frac{18}{5} \div \frac{2}{5} = \frac{18}{5} \cdot \frac{5}{2} = \frac{18 \cdot 5}{5 \cdot 2} = \frac{9 \cdot 1}{1 \cdot 1} = \frac{9}{1} =$ **9 mal**

$\frac{3}{8}$ in $2\frac{5}{8}$

$2\frac{5}{8} \div \frac{3}{8} =$

$\frac{21}{8} \div \frac{3}{8} = \frac{21}{8} \cdot \frac{8}{3} = \frac{21 \cdot 8}{8 \cdot 3} = \frac{7 \cdot 1}{1 \cdot 1} = \frac{7}{1} =$ **7 mal**

$3\frac{3}{8}$ in $13\frac{1}{2}$

$13\frac{1}{2} \div 3\frac{3}{8} =$

$\frac{27}{2} \div \frac{27}{8} = \frac{27}{2} \cdot \frac{8}{27} = \frac{27 \cdot 8}{2 \cdot 27} = \frac{1 \cdot 4}{1 \cdot 1} = \frac{4}{1} =$ **4 mal**

$\frac{3}{4}$ in 12

$12 \div \frac{3}{4}$

$\frac{12}{1} \div \frac{3}{4} = \frac{12}{1} \cdot \frac{4}{3} = \frac{12 \cdot 4}{1 \cdot 3} = \frac{4 \cdot 4}{1 \cdot 1} = \frac{16}{1} =$ **16 mal**

$\frac{3}{10}$ in 6

$6 \div \frac{3}{10}$

$\frac{6}{1} \div \frac{3}{10} = \frac{6}{1} \cdot \frac{10}{3} = \frac{6 \cdot 10}{1 \cdot 3} = \frac{2 \cdot 10}{1 \cdot 1} = \frac{20}{1} =$ **20 mal**

Prüfe dich jetzt!

1. Eine Hausfrau hat $10\frac{1}{2}$ kg Zwetschgenmarmelade gekocht. Diese wird in Gläser abgefüllt, von denen jedes Glas $\frac{3}{4}$ kg faßt.
   Wie viele Gläser mit Marmelade gibt das?

---

2. Wie oft sind $\frac{7}{10}$ in $2\frac{4}{5}$ enthalten?

---

3. $\frac{3}{8}$ in 6

Hier sind die **Lösungen**:

1. $10\frac{1}{2}$ kg $\div$ $\frac{3}{4}$ kg

$$\frac{21}{2} \div \frac{3}{4} = \frac{21}{2} \cdot \frac{4}{3} = \frac{21 \cdot 4}{2 \cdot 3} = \frac{7 \cdot 2}{1 \cdot 1} = \frac{14}{1} = 14$$

Es gibt **14** Gläser mit Marmelade.

---

2. $2\frac{4}{5} \div \frac{7}{10} =$

$$\frac{14}{5} \div \frac{7}{10} = \frac{14}{5} \cdot \frac{10}{7} = \frac{14 \cdot 10}{5 \cdot 7} = \frac{2 \cdot 2}{1 \cdot 1} = \frac{4}{1} = \boxed{4\,\text{mal}}$$

3. $6 \div \frac{3}{8} =$

$$\frac{6}{1} \div \frac{3}{8} = \frac{6}{1} \cdot \frac{8}{3} = \frac{6 \cdot 8}{1 \cdot 3} = \frac{2 \cdot 8}{1 \cdot 1} = \frac{16}{1} = \boxed{16\,\text{mal}}$$

Wenn du **keine** oder **eine** Aufgabe **falsch** hast, dann hast du **gut** gerechnet. Du bist mit dem Programm **fertig**. Lasse dich jetzt von deinem **Lehrer** prüfen.

Wenn du **zwei** oder gar alle **drei** Aufgaben **falsch** hast, dann mußt du das letzte Kapitel von **Seite 39** an **wiederholen**!

Lösungen

Teil A: **Malnehmen** von Brüchen 25

I. 1. $\frac{2}{3} \cdot \frac{5}{7} = \frac{2 \cdot 5}{3 \cdot 7} = \boxed{\frac{10}{21}}$

2. $\frac{15}{16} \cdot \frac{8}{25} = \frac{15 \cdot 8}{16 \cdot 25} = \frac{3 \cdot 1}{2 \cdot 5} = \boxed{\frac{3}{10}}$

II. 1. $4 \cdot \frac{2}{7} = \frac{4}{1} \cdot \frac{2}{7} = \frac{4 \cdot 2}{1 \cdot 7} = \frac{8}{7} = \boxed{1\frac{1}{7}}$

2. $\frac{8}{15} \cdot 10 = \frac{8}{15} \cdot \frac{10}{1} = \frac{8 \cdot 10}{15 \cdot 1} = \frac{8 \cdot 2}{3 \cdot 1} = \frac{16}{3} = \boxed{5\frac{1}{3}}$

III. 1. $2\frac{1}{7} \cdot \frac{3}{8} = \frac{15}{7} \cdot \frac{3}{8} = \boxed{\frac{45}{56}}$

2. $3\frac{3}{5} \cdot 1\frac{1}{4} = \frac{18}{5} \cdot \frac{5}{4} = \frac{18 \cdot 5}{5 \cdot 4} = \frac{9 \cdot 1}{1 \cdot 2} = \frac{9}{2} = \boxed{4\frac{1}{2}}$

IV. 1. $2\frac{5}{7} \cdot \frac{7}{10} \cdot 5 = \frac{19}{7} \cdot \frac{7}{10} \cdot \frac{5}{1} = \frac{19 \cdot 7 \cdot 5}{7 \cdot 10 \cdot 1} = \frac{19 \cdot 1 \cdot 1}{1 \cdot 2 \cdot 1} = \frac{19}{2} = \boxed{9\frac{1}{2}}$

2. $\frac{8}{13} \cdot 2\frac{1}{12} \cdot 1\frac{4}{5} = \frac{8}{13} \cdot \frac{25}{12} \cdot \frac{9}{5} = \frac{8 \cdot 25 \cdot 9}{13 \cdot 12 \cdot 5} =$

$= \frac{2 \cdot 5 \cdot 3}{13 \cdot 1 \cdot 1} = \frac{30}{13} = \boxed{2\frac{4}{13}}$

Lösungen

Teil B: **Teilen** von Brüchen

I. 1. $\frac{2}{3} : \frac{3}{8} = \frac{2}{3} \cdot \frac{8}{3} = \frac{2 \cdot 8}{3 \cdot 3} = \frac{16}{9} = \boxed{1\frac{7}{9}}$

2. $\frac{5}{8} : \frac{15}{28} = \frac{5}{8} \cdot \frac{28}{15} = \frac{5 \cdot 28}{8 \cdot 15} = \frac{1 \cdot 7}{2 \cdot 3} = \frac{7}{6} = \boxed{1\frac{1}{6}}$

II. 1. $\frac{3}{7} : 5 = \frac{3}{7} : \frac{5}{1} = \frac{3}{7} \cdot \frac{1}{5} = \frac{3 \cdot 1}{7 \cdot 5} = \boxed{\frac{3}{35}}$

2. $4 : \frac{8}{9} = \frac{4}{1} : \frac{8}{9} = \frac{4}{1} \cdot \frac{9}{8} = \frac{4 \cdot 9}{1 \cdot 8} = \frac{1 \cdot 9}{1 \cdot 2} = \frac{9}{2} = \boxed{4\frac{1}{2}}$

III. 1. $2\frac{1}{4} : \frac{3}{5} = \frac{9}{4} : \frac{3}{5} = \frac{9}{4} \cdot \frac{5}{3} = \frac{9 \cdot 5}{4 \cdot 3} = \frac{3 \cdot 5}{4 \cdot 1} = \frac{15}{4} = \boxed{3\frac{3}{4}}$

2. $3\frac{4}{7} : 6\frac{2}{3} = \frac{25}{7} : \frac{20}{3} = \frac{25}{7} \cdot \frac{3}{20} = \frac{25 \cdot 3}{7 \cdot 20} = \frac{5 \cdot 3}{7 \cdot 4} = \boxed{\frac{15}{28}}$

IV. 1. In einem Faß befinden sich noch $24\frac{1}{2}$ l Wein. Er soll in $\frac{7}{10}$ l-Flaschen abgefüllt werden. Wie viele Flaschen erhält man?

$24\frac{1}{2}\text{ l} \div \frac{7}{10}\text{ l} = \frac{49}{2} \div \frac{7}{10} = \frac{49}{2} \cdot \frac{10}{7} = \frac{49 \cdot 10}{2 \cdot 7} = \frac{7 \cdot 5}{1 \cdot 1} =$

$\frac{35}{1} = \boxed{35}$ Flaschen.

2. Wie oft sind $\frac{5}{8}$ in 15 enthalten?

$\frac{15}{1} \div \frac{5}{8} = \frac{15}{1} \cdot \frac{8}{5} = \frac{15 \cdot 8}{1 \cdot 5} = \frac{3 \cdot 8}{1 \cdot 1} = \frac{24}{1} = \boxed{24\text{mal}}$